NOUVELLE THÉORIE

DE LA

CIRCULATION DU SANG.

NOUVELLE THÉORIE

DE LA

CIRCULATION DU SANG

DÉDUITE

Tant du mouvement primitif de ce fluide,
que de la constitution de l'appareil circulatoire,

PAR LE DOCTEUR **WANNER**.

PARIS,

CHEZ A. RAYNAL, LIBRAIRE,
Rue Pavée-Saint-André, 13.

—

1856

NOUVELLE THÉORIE

DE LA

CIRCULATION DU SANG.

L'opinion qui attribue au cœur le mouvement circulatoire du sang, et qui fait regarder ce viscère comme le moteur premier de ce fluide, dont le constant aller et retour à travers l'économie présente certainement l'un des phénomènes les plus caractéristiques de la vie, est-elle vraie et inattaquable? Devons-nous aujourd'hui, en présence des faits physiologiques étudiés et constatés depuis Harvey, persister dans la doctrine émise et si puissamment établie par ce grand esprit à son époque? Telle est la question que nous nous sommes posée depuis long-temps déjà et pour la solution de laquelle, depuis 1848, nous avons eu l'honneur d'adresser à l'Académie des sciences des Notes et Mémoires tendant à démontrer que l'opinion admise aujourd'hui encore par tous les auteurs sur cet important sujet n'est point à l'abri d'une critique sérieuse.

En effet, l'opinion d'Harvey semble passée à l'état de dogme absolu ; elle jouit d'un crédit séculaire, n'est plus contestée nulle part, et paraît d'autant plus solidement assise qu'elle l'a été quelquefois sans succès. Le cœur, dans les écoles de médecine du monde entier, est considéré, à l'heure qu'il est, comme l'agent premier du mouvement circulatoire ; le propulseur réel et primitif de la marche du sang, l'organe dépositaire de la force vitale, à laquelle doit être rapportée, comme à une cause principe, l'effet mécanique de la circulation.

Ce que l'on possédait de notions physiologiques du temps d'Harvey, pouvait conduire assez logiquement une forte intelligence à penser ainsi, et l'on peut affirmer qu'il eût fallu alors un génie doué d'une inspiration divinatoire pour se placer de si loin au point de vue du vaste horizon, ouvert actuellement aux regards de l'observateur qui, après avoir bien étudié les faits révélés par les anatomistes, les interprète à l'aide des grandes lois de la physique et de la chimie. Mais cette interprétation, que nous sommes en état de faire aujourd'hui, nous permet-elle de conclure, à l'égard du cœur, comme le fit Harvey, et de rester attachés d'une manière immuable à sa doctrine encore régnante ?

Nous oserons résolument et avec la confiance que nous

inspirent nos convictions, que nous croyons basées sur la vérité, répondre : Non (1).

En étudiant le phénomène de la circulation du sang, on est rigoureusement conduit à le faire dépendre : 1° de la constitution du liquide circulant et de ses propriétés physiques ; 2° du mécanisme de l'appareil par lequel ce phénomène s'opère ; 3° de la nature des forces qui le mettent en jeu.

Le sang, comme liquide, se caractérise principalement par sa viscosité, par son état globuleux et par une densité variable, qui s'accroît en raison des actes chimiques auxquels il concourt progressivement dans le travail de la nutrition.

Il est à un degré de température constant chez l'homme sain.

L'appareil circulatoire, qui s'étend à tout le corps, se divise, comme on le sait depuis longtemps, en plusieurs systèmes, auxquels on a donné les noms d'artériel, de veineux, de lymphatique et de chylifère, selon qu'il s'agit de l'ensemble des artères, des veines, des vaisseaux lymphatiques ou des vaisseaux chylifères. Au point de vue de la circulation proprement dite, il n'y a de vaisseaux complets que ceux qui appartiennent aux systèmes artériel et veineux. En effet, les vaisseaux lymphatiques et chylifères, naissant sous la forme capillaire, se développent et affluent aux troncs veineux, à la différence des vaisseaux

---

(1) Un honorable académicien nous a demandé si nous avions fait des expériences pour prouver ce que nous avancions sur la circulation ; il est inutile de faire des expériences pour constater des faits qui, comme on va le voir, se démontrent d'eux-mêmes : on n'a donc besoin que de les bien observer.

artériels et veineux qui commencent et se terminent capillairement. D'autre part, les vaisseaux capillaires, considérés comme servant à la circulation intégrale, présentent deux groupes très-distincts reliés entre eux par de gros vaisseaux, dont les uns, à sang rouge, communiquent avec le ventricule gauche du cœur, et les autres, à sang noir, avec le ventricule droit.

Le premier de ces groupes comprend tous les capillaires de l'économie, excepté ceux des poumons. Le second, ceux qui sont situés seulement dans la cavité de la poitrine et qui concourent à la constitution de l'organe pulmonaire.

Ces deux groupes de vaisseaux capillaires ont tous deux pour fonction évidente de modérer le passage du sang à travers les diverses parties de l'organisme où doit s'opérer la nutrition; ce qui s'effectue par une diminution de la vitesse de l'écoulement de la colonne fluide. Cet effet est dû à l'action complexe, qui s'exerce tant par l'action d'affinité des parois et du liquide, que par la résistance qu'oppose le sang dont les globules, soumis à un *mouvement rotatoire*, modifient incontestablement la marche de la circulation suivant qu'ils sont plus ou moins nombreux.

Ce ralentissement dans la marche du sang, sous l'influence de l'action capillaire, nous donne sans contredit l'explication du mode de progression du sang noir dans les veines qui font suite au premier groupe, et du sang rouge dans les veines pulmonaires qui font suite au second.

Le premier de ces deux groupes a pour fonction de livrer passage au sang d'abord rouge à son entrée dans ces capillaires, puis noir à sa sortie. On comprend que la quantité de fluide écoulée est en raison du nombre et de l'étendue de ces petits vaisseaux.

Le second groupe sert au passage du sang des poumons au cœur; contrairement à ce qui se passe pour le premier groupe, le sang ici est noir à son entrée et rouge à sa sortie. Il est à remarquer d'abord que les vaisseaux capillaires dont il est formé, sont en plus petit nombre par rapport à ceux du premier groupe; ce qui donne lieu de penser qu'une action particulière doit intervenir sur ce point pour le maintien régulier de la circulation. On ne saurait expliquer, en effet, comment s'effectue par les vaisseaux capillaires du poumon l'écoulement de tout le sang fourni par les vaisseaux capillaires de tout le reste du corps, sans une intervention auxiliaire qui force le sang à passer en plus grande abondance par chacun des vaisseaux du petit groupe que par chacun de ceux du plus grand. S'il en était autrement, c'est-à-dire si le sang qui afflue aux poumons ne les traversait qu'en vertu de l'impulsion qu'il a déjà reçue du cœur, et si, pénétrant dans les capillaires, il y subissait, comme dans les autres régions de l'économie, les effets modérateurs de la capillarité, il n'y aurait pas évidemment égalité entre la quantité de sang envoyée par le cœur aux poumons et celle rendue par les poumons au cœur; de telle sorte que la quantité déterminée de fluide sanguin dont celui-ci a besoin pour opérer sa pulsation, faisant défaut, il y aurait nécessairement trouble et interruption dans la fonction circulatoire.

Cela est encore plus sensiblement vrai, si l'on considère que les vaisseaux capillaires, dans chaque cellule, arrivent à un degré de ténuité tel qu'il n'est plus possible de distinguer au microscope les artérioles des veinules ; que c'est à travers les parois de ces petits vaisseaux qu'a lieu dans chaque cellule, par endosmose, le conflit du sang et de l'air atmosphérique ; que c'est aussi dans ces mêmes cellules et à travers ces mêmes parois que s'exécute, par exosmose, la sortie de l'acide carbonique produit par les actes de composition et de décomposition de tout l'organisme et ramené aux poumons avec le sang noir, on est conduit à reconnaître que la circulation, et cela à cause de la quantité de fluide qui doit passer en un temps donné, rencontre ici plus d'obstacles que partout ailleurs, et à comprendre la nécessité d'une pression qui, en refoulant la masse du sang, détermine une dilatation des vaisseaux capillaires en raison de leur élasticité, élasticité qui alors permet à la quantité nécessaire de sang d'arriver au cœur, et enfin à admettre la contraction respiratoire comme participant au mouvement de la circulation.

Ainsi l'acte respiratoire intervient dans la circulation par des effets de pression sans lesquels l'action du cœur deviendrait impossible.

Cette dépendance du cœur, par rapport à l'organe pulmonaire, ressortait implicitement déjà des expériences de Hoock et de celles des docteurs Williams et Hope, répétées par le Comité de Dublin.

Hoock rappela douze fois à la vie, au moyen de la respiration artificielle, un chien douze fois asphyxié, chez lequel il avait préalablement pratiqué la section des côtes à leur point d'insertion à la colonne vertébrale.

On lit (p. 336 du *Traité d'Auscultation* de MM. Barth et Roger, édition de 1844) que, dans le but de constater les bruits du cœur, MM. Williams et Hope, ainsi que plusieurs médecins composant le Comité de Dublin (*même ouvrage cité*, p. 343), ont fait durer chez des ânons et des veaux tués par le woorara, et cela toujours au moyen de la respiration artificielle, la circulation pendant une heure vingt minutes et auraient pu la faire durer plus longtemps encore, quoiqu'il y eût déjà dix minutes d'écoulées depuis que le décès avait été constaté chez ces animaux.

Cette dépendance apparaît encore d'une manière très-sensible soit dans les cas où la densité du sang diminue, soit dans ceux où ce liquide s'épaissit, surtout d'une manière anormale; dans la première hypothèse, ce liquide traversant plus facilement l'appareil pulmonaire, arrive plus promptement au cœur et détermine des pulsations plus rapides; dans la seconde, l'effet produit est inverse, et même suivant le degré d'épaississement, la cessation du pouls peut être complète.

M. Lehmann, en faisant passer un courant d'acide carbonique dans du sang, a produit de nombreux petits cristaux formés par la combinaison de cet acide avec l'hématosine; c'est également ce que nous avons obtenu par l'expérience suivante: nous avons fait passer un courant d'acide carbonique dans une bouteille chauffée au bain-marie à 37° c. et contenant du sang de bœuf, à l'instant tiré de cet animal et introduit de même dans cette bouteille; aussitôt il s'établit dans ce liquide une semi-coagulation se rapprochant de la consistance du miel.

Le poumon est donc, par rapport au cœur, l'organe qui mesure la quantité de sang à faire circuler pour l'entretien de l'économie. Chez les anémiques, il est rationnel et utile que la circulation soit plus active, afin que la réparation se fasse aussi bien que possible dans un temps donné, et que le degré constant de chaleur nécessaire à cette réparation soit maintenu. Chez les enfants, dont le sang est moins dense que chez les adultes, l'acte circulatoire doit aussi être plus rapide, en raison même de la nécessité pour l'enfant qui se développe, de réparer en excès de ses déperditions. Dans l'un et l'autre cas, c'est à l'accélération préalable de la fonction respiratoire qu'est due l'accélération du pouls. La résistance offerte à la contraction pulmonaire ayant diminué, celle-ci s'opère plus vite, se répète plus souvent, et détermine par l'envoi du sang au cœur des pulsations d'autant plus fréquentes que la densité du sang est moindre, et que l'économie a plus besoin d'être soutenue par la nutrition.

Par contre, toutes les causes qui déterminent un trop grand épaississement du sang dans les poumons, tendent à produire l'asphyxie.

Cependant, à considérer le cœur et les poumons quant à leur formation originelle, le cœur a la priorité et semble, en raison même de son antériorité d'existence, devoir être regardé comme dominant en principe la fonction pulmonaire ; le cœur se développe et bat bien longtemps avant que les poumons ne respirent. Il faut reconnaître, en effet, que c'est le premier de ces deux viscères qui envoie d'abord le fluide sanguin au second, à l'instant de la naissance, au moment où le nouveau-né commence à respirer.

Mais la circulation est elle-même antérieure au cœur ; avant que cet organe ne soit formé et développé dans l'embryon, les premiers vaisseaux existent ; et avant la formation bien distincte de ces premiers vaisseaux, le sang lui-même se montre et se meut sans propulseur apparent. C'est ce qui résulte incontestablement des travaux de plusieurs savants, et notamment des précieuses recherches faites par MM. les professeurs Serres et Coste.

Après quelques heures d'incubation, la couche superficielle du jaune de l'œuf forme déjà des halônes, ou ondes arquées concentriques ; lorsque l'incubation est plus avancée, cette surface du jaune présente l'aspect d'une membrane ou d'une couche organique. Cette couche organique, à laquelle on donne le nom de tapis, se fait remarquer par une texture formée de nombreux globules plus ou moins nuageux, et par des lignes qui sont les premiers rudiments visibles des nerfs. Ces globules paraissent attirés de la circonférence au centre suivant tous les rayons. Avant qu'aucun vaisseau distinct n'existe, il y a des courants de globules libres, qui se meuvent tout autour de l'embryon, c'est là le premier mouvement du sang ; et c'est lorsque les globules de ces courants, en se condensant et en se fixant progressivement déterminent ainsi la formation de vaisseaux d'abord capillaires, que commence la fonction de l'appareil vasculaire dans sa plus grande simplicité. Puis ensuite se forment de cette même manière des troncs de plus en plus volumineux, et enfin le *vaisseau cintré*, c'est-à-dire, le cœur à l'état rudimentaire.

Le sang rouge naît sur le tapis et non dans le corps de l'embryon ; la circulation qui se manifeste d'abord par des contours de formes variées, prend une impulsion plus active, à mesure que l'appareil vasculaire se développe et se complète ; le mouvement part du capuchon caudal pour se rendre par trois ou quatre voies vers le capuchon céphalique.

Le cœur, venant à se former, n'est qu'un nouvel instrument de mouvement ajouté à des causes qui l'avaient précédé.

Pour ce qui est de la respiration, on sait que dans le fœtus le placenta remplit la même fonction que les poumons chez l'adulte.

Ainsi, la circulation ne saurait, en principe, être considérée comme produite par le cœur, dont le développement est postérieur à la circulation elle-même.

On pourrait objecter que le phénomène de la circulation présente, dans son développement, plusieurs évolutions successives, savoir : 1° une période de formation ; 2° la circulation embryonnaire ; 3° la circulation proprement dite, comme elle existe chez l'adulte ; remarquons que le mot évolution serait ici mal appliqué ; car ces trois modes différents en apparence ne constituent, en réalité, qu'un seul et même développement, sous une cause unique, celle qui préside mystérieusement aux mouvements moléculaires dans les êtres vivants.

Mais quelle serait donc la cause réelle du mouvement circulatoire ? Cette cause est évidemment la même que cette puissance inconnue, qui communique le mouvement à la matière organique dans tous les êtres en formation ; nous ne saurions la définir, puisque les lois qui déterminent ces effets sont encore ignorées.

En nous résumant, nous dirons que le mouvement circulatoire s'opère d'abord dans les premières concrétions organiques, bien avant que ni les vaisseaux, ni le cœur, ni les poumons ne soient formés ; que ce mouvement s'effectue originellement, dans des interstices capillaires ou microscopiques, obéissant à des lois qui, pour nous, sont encore un mystère.

Comme la circulation s'opère primitivement dans les premières concrétions organiques, et que la circulation lymphatique et chylifère commencent également par être capillaires, il nous semble plus rationnel de décrire cette fonction selon sa marche et son développement primitif. Dès sa formation, l'embryon puise au dehors les principes utiles à son développement; sa circulation se met en rapport avec celle de la mère au moyen des villosités du chorion qui correspondent à la paroi utérine, et ensuite, lorsque le placenta apparaît, l'artère et la veine ombilicale relient les capillaires embryonnaires avec les capillaires du placenta, d'où résultent deux groupes très-distincts. A la naissance, un de ces deux groupes, le placenta est remplacé par l'organe pulmonaire.

La circulation commence donc par être capillaire, et dans ce cas le cœur, dont le mode de contraction trop connu nous dispense d'en faire ici la description, ne peut plus être qu'un moteur secondaire; sa fonction évidente ne consiste qu'à relier les deux groupes de vaisseaux capillaires, au moyen de gros troncs artériels et veineux, dont il est le centre. Sa force ne peut être que celle d'un levier, agissant sur des colonnes liquides, pour en accélérer la vitesse et faciliter leur introduction dans les orifices capillaires soit du premier groupe soit du second.

Mais, à ce moteur, vient encore s'ajouter un second appareil nécessaire à la production du phénomène intégral de la circulation. Cet appareil, ce sont les poumons qui reçoivent du ventricule droit le fluide sanguin , il est vrai, mais qui réagissent sur le cœur, par la manière dont ils lui rendent ce sang alors rouge, et qu'ils en ont reçu noir. De sorte que les contractions de la poitrine, en augmentant la quantité de sang fournie au cœur dans un temps donné, et les contractions du ventricule gauche en chassant plus rapidement la colonne de sang rouge afin de multiplier par la vitesse la quantité de ce fluide pour qu'il n'y ait pas interruption à son introduction dans les orifices capillaires, n'ont ici pour effet que d'équilibrer les rapports du sang du second groupe avec le premier.

Imprimerie de RAYNAL, à Rambouillet.